DELIUS KLASING

Dauerparker

Engel / Gielen

Im Zauberwald vergessener Oldtimer-Legenden

Delius Klasing Verlag

Vorwort

Automobile, die im Wald vor sich hinwelken, während das Grün der Natur immer kraftvoller vom Blech Besitz ergreift; in blühenden Landschaften aus Bäumen, Blumen und Gräsern verschwinden stolze Karossen schweigend unter Moos und Patina, und es entsteht eine bizarre Welt aus Bildern voll grandioser Romantik.

Der Ursprung dieser faszinierenden Motive ist aus aktueller Sicht betrachtet natürlich eine ökologische Zumutung: Autos jedweder Epoche gammeln jahrzehntelang zwischen Birken und Buchen und sind eine Gefährdung für die Umwelt. Ganz richtig also – vor allem für jene, die immer politisch korrekt denken und handeln wollen –, dass man dem Idyll aus Chlorophyll und Stahl ein Ende bereitet hat – und das im 125. Jahr des Automobils.

Ganz richtig aber auch, dass die Fotografen Engel & Gielen dieses skurril verträumte Stück Automobilgeschichte für das kollektive Gedächtnis archiviert haben. Denn im eidgenössischen Wildforst ist mehr verschwunden als nur ein Autofriedhof der absurden Art. Hier ist auch ein Stück Seele des Automobils, wenngleich nur symbolisch, bereinigt worden. Damit ist die Geschichte der Dauerparker im Gürbetal zugleich eine Allegorie für den Gemütszustand der Auto-Gesellschaft. Die Beseitigung der verträumten Automemorabilien steht so auch für das Ende der automobilen Romantik.

Während früher die Ahnen des Automobils wahlweise zu Ikonen des Designs oder zu Pionieren der Ingenieurskunst stilisiert wurden, gilt seit den Hybriden um Prius I. die Sachlichkeit als Ideal.

Nicht faszinierende Formen, nicht opulente Leistungen, nicht zügellose Lust auf Größe oder Protz sind nun die Parameter, an denen wir Wert und Imagefaktor eines Fahrzeugs messen – heute zählt einzig und allein die Ökoeffizienz. Statt Emotionalität regiert die Lustverweigerung den Asphalt und Boulevard.

Sinn, nicht Sinnlichkeit, lautet das Dogma der post-romantischen Autowelt. Und insofern bieten die folgenden Seiten etwas fast schon Verbotenes: eine Eloge auf die Liebe zum Automobil. Jedes Bild stellt eine Hymne auf eine vergangene Epoche dar, in der Autos noch die begehrtesten Produkte unseres Planeten waren.

Wie in der Malerei, so wird aber auch in der Kunst des Automobilbaus auf diesen Gegenwarts-Realismus wieder eine Renaissance der Romantik folgen; denn ganz ohne Lust, ganz ohne Seele und Feuer fehlt der Bewegung ein wesentlicher Treibstoff: dieses archaische Glück der sinnfreien Beschleunigung.

Bis zu diesem Tag – wenn die Apokalypse des Automobils doch noch verschoben wurde –, bis dahin erinnern uns Engel & Gielen mit den faszinierenden Fotos des Autofriedhofs von Franz Messerli an den wunderbaren Wert der Liebe und Begeisterung.

Edwin Baaske

Bielefeld, im Sommer 2010

Der Autor ist Journalist und Herausgeber zahlreicher Autobücher sowie Verfasser von zwei Bänden über den VW Käfer.

Messerli

Franz Messerli wohnt auch heute noch auf dem Gelände, sein Garten grenzt unmittelbar an den »Autofriedhof«.

Autoverwertung

Walter Messerli, der Vater des heutigen Besitzers, war eigentlich gelernter Zimmermann. 1933 begann er auf dem elterlichen Hof in Kaufdorf jedoch erst Fahr- und Motorräder, später dann auch Automobile zu lagern und auszuschlachten. Der Ersatzteilhandel lief gut, die ausgehöhlten Fahrzeuge blieben einfach stehen. Als Rennfahrer und Organisator des ersten Stockcar-Rennens auf dem Flugplatz im nahe gelegenen Belp wurde Walter Messerli in der ganzen Schweiz berühmt.

Mitte der 1960er-Jahre regte sich im Dorf erster Widerstand gegen die Autodeponie. 1975 wurde dennoch die Genehmigung zum Bau der Hallen erteilt, eine Hecke als Sichtschutz angepflanzt und der Betrieb an Sohn Franz übergeben.

Auch er verschrieb sich mit Leib und Seele dem Autorennsport sowie dem Handel mit Ersatzteilen und machte die »Messerli Autoverwertung GmbH« weit über die Grenzen des Gürbetals hinaus bekannt.

So sammelten sich im Laufe der Jahrzehnte Hunderte Automobile aus den 1930er- bis 1970er-Jahren auf dem idyllisch gelegenen Schrottplatz der Messerlis an.

Das seit Mitte der 1970er-Jahre praktisch nicht mehr veränderte Areal – heute als »Autofriedhof« bekannt – hielt all die Jahre jene schlafenden Schönheiten verborgen, deren Geschichte der Zeitzeuge Franz Messerli in den folgenden O-Tönen wieder auferstehen lässt.

Beim Citroën Traction Avant haben wir die Kotflügel weggeschnitten. Wir sind damals nämlich Stockcar-Rennen gefahren, und so ein Flügel würde bei einem Crash direkt in den Pneu stechen.

Das erste große Stockcar-Rennen hat mein Vater am 14. September 1958 auf dem Flughafen von Belp organisiert. Da kamen 60 000 zahlende Zuschauer und nochmals 30 000, die nicht gezahlt haben, weil die Billets ausverkauft waren. Das war das größte Chaos, was wir je im Gürbetal hatten.

Die Autos haben wir alle am Freitagabend hier in Kaufdorf vorbereitet: Flügel abgeschnitten, Scheiben herausgenommen, Auspuff abmontiert und mit der Hand bemalt. Damals gab es keine Aufkleber für die Zahlen – man hat den Autos zum Teil einfach Namen gegeben.

Der Simca Aronde (rechts) war ein unheimlich anfälliges Auto. Der Taunus (oben) lief dagegen einfach besser.

Derjenige, der diesen Bus gekauft hat, hat gesagt, das sei ein Werksbus. Ein paar Deutsche hatten sich mal für ihn interessiert, als er noch unbeschädigt war. Dann haben Kinder die Scheiben eingeschlagen, und am Schluss ist noch ein Baum daraufgefallen.

Der Panhard war ziemlich schnell, obwohl er nur einen Zweitaktmotor hatte. Noch schneller war er allerdings in der Tiger-Version.

Panhard

Das ist ein Fordson Traktor von 1923. Von denen gibt es noch viele; dieser hier steht heute in einem Restaurant am Bodensee. Wir haben ihn 1955 für 20 Franken in Riggisberg abgeholt. Der Sohn des ehemaligen Besitzers hat sich mal bei mir gemeldet und sich darüber beklagt, dass mein Vater seinem Vater damals auch einen Bugatti abgeluchst hat. Der steht seit vielen Jahren im Museum der Gebrüder Schlumpf.

Diese Opel wurden bei GM in Biel montiert. Das waren sehr beliebte Autos in der Schweiz.

Der Riley hatte eine ganz besondere Kundschaft: den Apotheker, den Notar, den Fürsprecher. Diese Autos sind zu uns gekommen, und du hast keine einzige Schraube mehr gebraucht, denn diese Klientel hat immer nur Neuteile einbauen lassen.

Das ist ein Ford, dem mein Vater vor dem ominösen Stockcar-Rennen am 14. September 1958 in Belp einen V8-Motor eingebaut hat. Mit dem Wagen und der Nummer 64 ist er auch das Rennen gefahren. Das Messerli-Firmenlogo mit dem Stern ist auf der anderen Tür zu sehen. Es stammt noch aus den 1940er-Jahren. Damals war mein Vater im Gefängnis, und dort hat er es auch gezeichnet.

CH

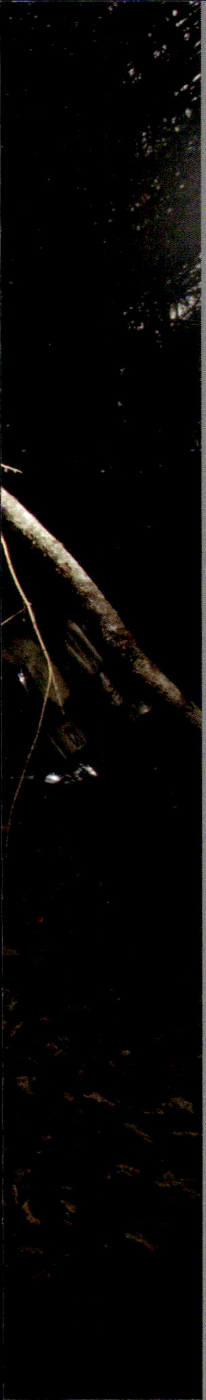

Das ist ein Saurer BLD, den wir früher selbst benutzt haben – zum Sandfahren. In den 1960er-Jahren hatte mein Vater nämlich auch noch ein Kieswerk in der Nähe von Bern. Mit dem Sand aus diesem wurde der dortige Hauptbahnhof gebaut.

Wir hatten leider keine eigene Autoproduktion in der Schweiz. Dafür hatten wir allerdings alle erdenklichen Marken aus Deutschland, England, Frankreich und den USA. Es gab viele Garagen, die gute Vertretungen für diese Marken hatten. Ich denke da zum Beispiel an die Bellevue Garage in Bern. Wahnsinn, was die damals an schönen großen Amerikanern verkauft haben. Das war schon was.

Der Dodge Dart mit dem durchgewachsenen Baum ist – wie viele Autos von General Motors – in der Schweiz montiert worden.

CH

Im Frühling konnte man nicht nach hinten, weil da unzählige große Weinbergschnecken waren. Manchmal habe ich Radkappen genommen und diese mit Schnecken gefüllt und unter die Autos gekippt. Das gab nämlich sonst so ein grausiges Geräusch, wenn man auf die Schnecken trat.

C H
MORRIS

Das ist der IFA. Von denen hatte mein Vater die Vertretung hier. Es fing ursprünglich mal mit den Motorrädern aus Zschopau an, die wir für 120 Franken verkauft haben.

Ich weiß noch, wie eine deutsche Familie diesen IFA kaufen wollte. Sie wollten nach der Probefahrt noch über unseren Hausberg fahren. Da hat mein Vater gesagt: »Dann verkaufe ich ihnen den Wagen nicht! Der hat nämlich keine anständigen Bremsen!« Das war die große Schwachstelle dieser Autos, genauso wie bei den DKW.

DKW
AUTO UNION

CH

BMW

Anglia
deluxe

MORRIS

FIAT

Wir hatten hier Füchse, Dachse, Fledermäuse, Spinnen, Schnecken. Unzählige Tier- und Pflanzenarten hatten sich da angesiedelt, und die waren völlig ungestört. Die Natur hat sich das Gelände zurückerobert. Wir haben es deshalb auch nur noch selten betreten und haben aus Angst vor Diebstahl seltener Leute nach hinten gelassen.

Die Viehändler, die Metzger, die Käser, die Wirte, die Bäcker: Sie alle fuhren damals die großen Amis. Die hatten eine Anhängerkupplung und waren gute Autos zum Ziehen und Transportieren. Manche hatten hinten nicht einmal mehr Sitze drin.

Austin of England

BORG WARD

BIANCHI

Die Tannen wurden 1975 als Hecke gepflanzt, da die Bauern sie als Sichtschutz haben wollten. Als die Bäume dann groß waren, hat es die Bauern auch wieder gestört, weil sie ihnen das Licht wegnehmen.

118

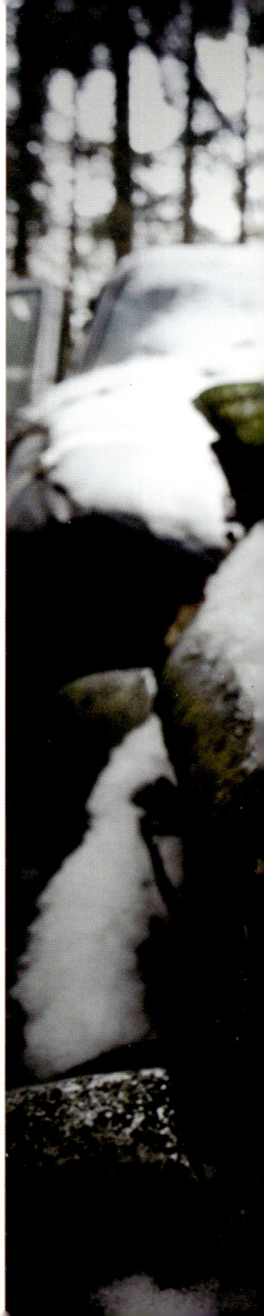

17m
super

Das ist ein Cabriolet aus Worblaufen.
Das soll wieder restauriert werden,
was natürlich viel Arbeit macht.
Einen Unterboden hat er nicht mehr,
die Sitze stehen nur noch auf der Erde.

Den Fiat Topolino haben wir Asphaltwanze genannt. Die sind unglaublich langsam gefahren, haben nur Staub aufgewirbelt und sind kaum vorangekommen.

Beim Mercedes 190 SL haben sie den Stern gestohlen. Der allein ist schon 1200 Franken wert – eine Schande ist das! Den Wagen hat ein Franzose gekauft. Wir haben leider keinen Fahrzeugbrief mehr gefunden. Die Hinterachse war komplett abgerostet, obwohl der Wagen immer im Trockenen stand.

DAS

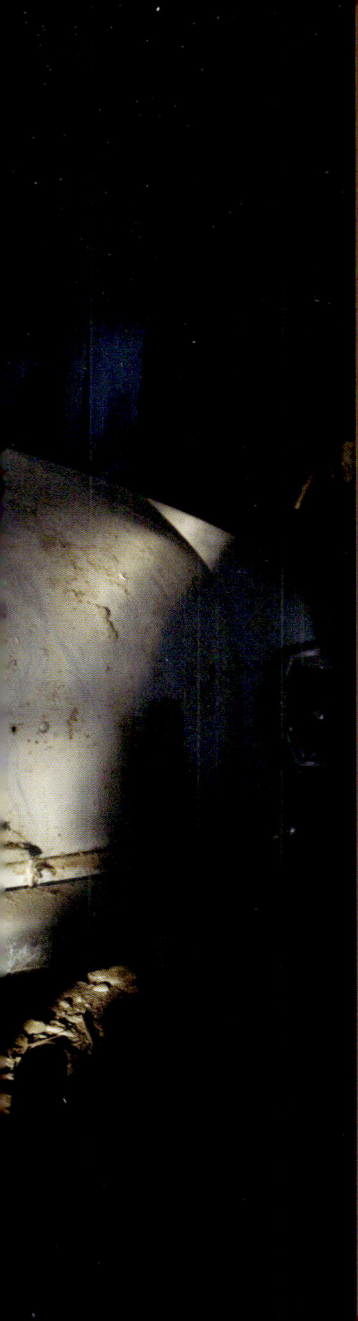

Viele Autos haben eingedrückte Dächer, weil die Leute früher von Dach zu Dach gesprungen sind. Man konnte an dem Ploppen der Dächer genau hören, wo gerade Leute waren. Im Sommer wuchsen die Brennesseln meterhoch zwischen den Autos, sodass man nicht mehr hindurch kam.

Das ist ein Studebaker Hawk. Der hat acht Zylinder und sechs Sitzplätze mit einer Bank vorn. Ein richtiger Schluckspecht war das. Der Besitzer, der ihn hier 1977 abgestellt hat, war erst vor Kurzem hier; er ist gerade 60 geworden. Der ist früher auch Stockcar-Rennen gefahren.

Das ist ein ganz alter DS 19 mit Polyesterdach. Diese Autos waren zwar etwas anfällig, aber sehr komfortabel, und die Motoren waren so gut, dass sie praktisch unzerstörbar waren.

Der Rote ist ein Camaro. Alles, was am vorderen Wagenteil fehlt, wurde gestohlen.

Dieser Wagen gehörte einem ziemlich unvernünftigen Mann aus dem Nachbarort. Dementsprechend ist das Auto auch als Unfallschaden zu uns gekommen. Das Nummernschild, was ehemals an dem Wagen war, ist heute am Auto der Tochter.

Das war das Auto der Pfarrersfrau aus dem Nachbardorf, mit dem sie die Hausbesuche gemacht hat. Hinten hat es einen Unfallschaden, weil sie auf der Brücke am Friedhof wenden wollte und diese dann rückwärts hinuntergestürzt ist. Später haben wir sie mit dem Traktor wieder herausgeholt.

Dieser Cadillac Fleetwood 75 war ein Neunsitzer vom Hotel Mattenhof aus Interlaken, mit dem die Gäste aus Zürich oder Genf abgeholt wurden. Zum Schluss hatte er etwa 900 000 Kilometer auf dem Tacho.

Der Renault Dauphine war ein beliebtes und technisch gutes Auto. Aber es gab leider auch Todesfälle mit diesem. Mein Schulfreund ist damit zum Beispiel in ein Maria-Hilf-Kreuz gekracht und war auf der Stelle tot. Mit ihm sind auch zwei andere gestorben, die zusammen ihre Abschlussprüfung gefeiert hatten.

Mit diesem Dodge habe ich selbst einen Unfall gehabt, weil ich gegen eine Mauer gefahren bin. Bis dahin habe ich mit dem Wagen immer Autos abgeschleppt, sogar bis nach Genf. In Zürich habe ich mal einen Rolls Royce abgeholt, den ich rückwärts abschleppen musste. Deshalb habe ich das Lenkrad festgebunden. Da hinten im Dodge keine Sitzbank war, habe ich noch einen Ersatzmotor für den Rolls Royce mitgenommen und bin damit dann über den Pass gefahren.

CH

Anhand des Schildes vorn auf dem Lochblech, mit Eiger und Jungfrau drauf, kann man sehen, dass auch dieser Wagen bei GM in Biel gebaut wurde. Von diesem Vauxhall Riviera habe ich noch einen Weiteren in der Halle stehen. Der ist goldfarben.

Selbst dieser stark restaurierungsbedürftige Amerikaner hat einen neuen Besitzer gefunden.

... es schmerzt schon

Roger Linder, Januar 2010

Roger Linder während des Interviews in der halb geleerten Fahrzeughalle.

30 Jahre arbeitete Roger Linder für Franz Messerli auf dem Schrottplatz in Kaufdorf, der zum historischen Autofriedhof Gürbetal wurde. Nachdem er all die Jahre aufgepasst hat, dass nichts zerstört wird, soll er dies jetzt selbst tun.

Seit wann arbeitest du hier?
Seit April 1980.

Was war deine Tätigkeit damals?
Ich habe eine Automechanikerlehre gemacht, und während der Lehre habe ich Kollegen von Franz Messerli geholfen, am Abend noch Autos zu prüfen. Und dort hat er mich dann mal gesehen und gefragt, was ich nach der Lehre mache und ich habe gesagt: »Keine Ahnung, mal schauen.« Dann hat er gesagt: »Kannst bei mir anfangen.«

Hinter den letzten Oldtimern, die noch in der großen Halle stehen, warten die Autos am westlichen Ende des Friedhofs auf ihre fachgerechte Bergung.

Ein improvisiertes Hinweisschild soll Besuchern im Chaos aus abgestellten Autowracks die Orientierung erleichtern.

Wie sah es hier vor 30 Jahren aus? Genauso wie jetzt?
Nein (lacht). Jetzt fehlt schon viel, im Hintergrund ist schon gähnende Leere. Da waren lauter schöne alte Autos, und hier waren früher eigentlich noch Kunden da. Teile wurden teilweise demontiert, aber nur für ganz kurze Zeit. Und dann hat sich der Autofriedhof, also die Autoverwertung, auf die andere Seite verlegt, und dieser Teil wurde über die Jahre langsam vergessen. Dann war alles mit Brennnesseln überwuchert; hier waren überall Brennnesseln, da konnte man gar nicht mehr nach hinten gehen. Die Bäume habe ich bis 1985 geschnitten, jetzt sind sie durch die Autos gewachsen und eigentlich unberührt seit 25 Jahren.

Das heißt, dass du nicht nur der Mechaniker hier bist, sondern auch der Friedhofsgärtner?
Gärtner nicht, aber ich habe geschaut, dass nichts gestohlen wird und nichts kaputtgeht.

Das ist aber wahrscheinlich trotzdem passiert … Ist viel weggekommen?
Ja, es ist viel gestohlen worden. Am meisten bei der letzten Vorbesichtigung der Versteigerung. Da waren richtige Hyänen da, die haben Embleme, Zierleisten, einfach alles mitgenommen. Es ist

Roger Linder arbeitet bei der Bergung der Autos stets umsichtig und präzise mit Bagger und selbstgebautem Stahlgeschirr.

mehr gestohlen worden in der letzten Woche als in den ganzen 30 Jahren, die ich da bin.

Hattest du hier ein Lieblingsauto?
Hm ... Jein. Ja, die alten Amerikaner, Christine (aus dem gleichnamigen Horrorfilm von Stephen King) zum Beispiel. Die großen alten Amerikaner, ja, aber Lieblingsauto eigentlich nicht.

Hat es hier immer Katzen gegeben?
Ja, 30 Jahre lang. Immer. Viele kamen, viele gingen, aber ich habe immer Katzen gehabt. Keine eigenen, immer fremde, aber sie kommen immer. Die hier ist speziell. Die kommt eigentlich alle Tage, obwohl sie eigentlich vorn wohnt. Die ist auch fotogeil. Jeder Fotograf hat die wahrscheinlich auf irgendeinem Foto.

Hat es hier auch andere Tiere gegeben?
Ja, Füchse. Drei Familien Füchse. Die sind jetzt wahrscheinlich ausgezogen. Ich habe keinen mehr gesehen seither.

Wo haben die Fuchsfamilien gewohnt?
Eine ganz unten am Platz, eine Familie in der Mitte und eine oben. Und zwischendurch gab es Zoff (lacht). Die meisten hier haben ihre Reviergrenzen gehabt, aber eigentlich waren sie sonst relativ ruhig. Sie haben mich gekannt und sind auch nicht weggegangen, wenn ich zu nahe zu ihnen gekommen bin. Und ein Dachs war dahinten. Viele Vögel, Schnecken, alles; also Fauna und Flora waren hier absolut in Ordnung.

Das Ganze hier ist ja jetzt hier aufgelöst worden. Warum eigentlich?
Eigentlich wegen vier Gegnern aus der Politik. Also der Regierungsstatthalter, der Gemeindepräsident, der Gemeindeschreiber und der vom Gewässerschutz – und sonst sind vielleicht auch ein paar Neider dabei. Aber der größte Teil hat gesagt: »Schade, ein Stück Kulturgut geht verloren oder ist verloren gegangen, die Natur ist jetzt nicht mehr in Ordnung …« Die Gegner waren eigentlich eine Minderheit, die aber am längeren Hebel saß als wir. Es sind sogar drei Vogelarten auf der Roten Liste, aber auch das hat nichts genützt, es ging einfach um den alten Krieg. Messerli gegen die Gemeinde, und das Ganze hier ist eigentlich … ja, nur so ein Nebenschauplatz …

Johnny Porsche aus Bayern kaufte ohne Vorbesichtigung und fand noch ein paar nützliche Teile.

Ein Wall aus alten Autos versperrt nach der Auktion Besuchern den Zugang zum Autofriedhof.

Du warst selbst stark engagiert, um das hier zu erhalten.
Ja, aber ich war eben zu spät dran. Ich habe selbst gedacht, der Förderverein kann mehr erreichen, aber die haben anscheinend zu wenig getan, und dann ist die Zeit davongelaufen.
Das Rad der Versteigerung hat sich gedreht, und dann gab es auf einmal kein Zurück mehr. Und jetzt sind sie verkauft und … gut, wenigstens werden sie nicht verschrottet.

Was hätte denn daraus werden können? Was wäre dein Traum gewesen?
Ein Natur-, also ein Freilichtmuseum, für alle Leute zugänglich. Vielleicht nicht das ganze Jahr geöffnet – aber in allen vier Jahreszeiten vielleicht. Ein neuer Baum kommt oder ein Stück Auto löst sich auf und verschwindet. Das Leben, die Zeiten sind jedes Jahr anders. Sogar jedes Sommerlicht, jede Uhrzeit kann das gleiche Auto in einem andern Licht erscheinen lassen. Die Mystik ist fan-

tastisch. Das war wie ein Friedhof hier: Ruhe, Geborgenheit – jetzt ist alles zerstört.

Und ganz aktuell, was machst du jetzt noch hier?
Das Ganze räumen. Eigentlich das, was ich nicht gewollt habe. Eigentlich habe ich gesagt: »Das mache ich nicht.« Aber alle haben mich überredet, dass ich es machen soll, weil ein anderer alle Bäume abschneiden würde und keine Beziehung zum Ganzen hätte. Ich mache es jetzt fertig und sorge für einen sauberen Abschluss. Aber es schmerzt schon.

Wirst du dir einen von den Wagen aufheben?
Nein. Das ist alles in Gedanken. Und Fotos gibt es ja genug zum Glück … Nein, ich schließe dann ab mit dem …

Was machst du als nächstes? Weißt du das schon?
Nein, keine Ahnung. Vielleicht Bademeister, vielleicht beim Bund, mal schauen. Geht nicht, gibt's nicht. Das Thema Auto ist endgültig vorbei.

Die Katzen des Ortes verlieren ein herrliches Jagdrevier und einen guten Freund.

Bildlegende

Seite 9
Citroën Traction Avant 11BL

Seite 10
Ford Taunus deLuxe

Seite 11
Simca 9 Aronde

Seite 12
Volkswagen Bus

Seite 13
Opel Olympia Rekord

Seite 15
Panhard PL 17

Seite 16
Mercedes Benz 180 D

Seite 17
Morris Minor

Seiten 18 / 19
Mercedes Benz 170 S

Seite 20
Citroën 2CV

Seite 21
Fordson F

Seite 22
Opel Rekord P2

Seite 23
Opel Kapitän

Seite 24
Austin A 40 Devon

Seite 25
Riley RMA

Seite 26
Ford Modell A

Seite 27
Ford Modell A

Seite 28
Westseite Autofriedhof

Seite 29
Saurer B

Seiten 30 / 31
Hillman Minx Mark VI Cabriolet (r), Austin A 70 Hereford (l)

Seite 32
Alfa Romeo Giulietta Sprint

Seite 33
Chevrolet Camaro

Seite 34
Dodge Lancer

Seite 34
Hillman Imp Mk II

Seite 35
Opel Kapitän (Mitte)

Seite 36
Chevrolet Camaro

Seite 37
Brombeerranken

Seite 38
Mercedes Benz 200 Heckflosse

Seite 39
Mercedes Benz 200 Heckflosse

Seite 40
Volkswagen Käfer

Seite 41
Volkswagen Brezelkäfer

Seite 42
Morris Minor

Seite 43
Morris Minor

Seiten 44/45
Auto Union DKW 3=6

Seite 46
Opel Olympia Rekord

Seite 47
Morris Oxford

Seite 48
Opel

Seite 48
DKW Auto Union

Seite 48
Chevrolet

Seite 48
Morris

Seite 49
BMW

Seite 49
Ford Anglia

Seite 49
Morris

Seite 49
Fiat

Seite 50
Mercedes Benz 180 D Ponton

Seite 51
Studebaker Champion Regal

Seite 52
Opel Kapitän P

Seite 53
Mercedes Benz 180 D Ponton

Seiten 54/55
Chevrolet Styleline Deluxe Sedan

Seite 55
Ford Super Deluxe

Seite 56
Austin

Seite 57
Chevrolet Chevy II

Seite 57
Borgward

Seite 57
Bianchi

Seiten 58/59
Ford Taunus deLuxe

Seiten 60/61
Morris Oxford

Seite 61
Westliche Friedhofsgrenze

Seite 62
Autobus der Stadt Thun

Seite 63
Südwestecke Autofriedhof

Seite 64
Opel Olympia Rekord

Seite 65

Opel Olympia Rekord (m), Borgward Isabella deLuxe (r)

Seiten 66/67

DKW Junior

Seite 68

Plymouth Belvedere

Seite 69

Plymouth Valiant (r), Fiat 1100-103 D Luxus (l), Fiat 850 (o)

Seite 70

Mercedes Benz 170 S

Seite 71

Mercedes Benz Heckflosse

Seite 72

Plymouth Barracuda

Seite 73

Plymouth Savoy

Seite 74

Peugeot 202

Seite 75

Ford 17m

Seite 77

Peugeot 203

Seite 78

Autositz

Seite 79
Citroën 2CV

Seite 80
Cadillac Fleetwood 75

Seite 81
Glas Goggomobil T250

Seite 82
nicht bekannt

Seite 83
Pflanzenschatten

Seite 84
Glas Goggomobil T250

Seite 84
Glas Goggomobil T250

Seite 85
Glas Goggomobil T250

Seite 86
Chevrolet Camaro

Seite 87
Opel Rekord P2

Seite 88
Volkswagen Bus

Seite 89
Fiat 500 Topolino A/B

Seite 90

Mercedes Benz 190 SL

Seite 92

Mercedes Benz 220 SE

Seite 93

Fiat 1400 A

Seite 95

Oldsmobile Dynamic 70 (vorn m.)

Seite 96

Studebaker Hawk

Seite 97

Lancia Flavia (m), Ford Mercury Two Door Sedan

Seite 98

Opel Rekord A

Seite 99

BMW 600

Seite 100

Peugeot 404

Seite 101

Ford Thunderbird

Seiten 102/103

Chevrolet Styleline deLuxe

Seite 104

Citroën DS 21

Seite 105
Chevrolet Camaro

Seite 107
Auto Union 1000 S Coupé

Seite 108
DKW Junior

Seite 109
Dodge Dart

Seiten 110 / 111
Ford Custom deLuxe

Seiten 112 / 113
Cadillac Fleetwood 75

Seiten 114 / 115
Chevrolet Camaro

Seite 116
Renault Dauphine

Seite 118
Chrysler Windsor

Seite 119
Dodge Custom

Seite 120
Ford Taunus 17m

Seite 121
BMW 501 A Barockengel (l), Opel Kadett B (r)

Seite 122
Vauxhall Victor F Mk II Riviera

Seite 123
Morris Minor

Vorsatz vorn
Simca 9 Aronde

Frontispiz
IFA F9

Vorsatz hinten
Simca 9 Aronde

Dank

Dieses Buch wäre nicht ohne die großzügige Unterstützung von Franz Messerli entstanden, der uns freie Hand bei der Umsetzung des Projektes gewährte.
Danken möchten wir auch seinem langjährigen Mitarbeiter Roger Linder, der uns unzählige Fragen zu den einzelnen Autos geduldig und kompetent beantwortete.

Hinweis

Alle hier im Buch abgedruckten Fotos sowie viele weitere interessante Bilder, die den Rahmen dieses Buches gesprengt hätten, finden Sie im Internet unter www.engel-gielen.de

Bibliografische Information der Deutschen Nationalbibliothek
Die Deutsche Nationalbibliothek verzeichnet diese Publikation in der Deutschen Nationalbibliografie; detaillierte bibliografische Daten sind im Internet über http://dnb.d-nb.de abrufbar.

1. Auflage
ISBN 978-3-7688-3229-8

Lektorat: Felix Wagner
Fotos (einschl. Schutzumschlag): Christoph Engel, Knut Gielen
Layout: Engel & Gielen, Hamburg
Schutzumschlaggestaltung: Gabriele Engel
Lithografie: digital | data | medien, Bad Oeynhausen
Druck: aprinta-druck, Wemding
Printed in Germany 2010

Delius Klasing Verlag, Siekerwall 21, D - 33602 Bielefeld
Tel.: 0521/559-0, Fax: 0521/559-115
E-Mail: info@delius-klasing.de
www.delius-klasing.de